U0169100

优秀技术工人
百工百法丛书

温广勇
工作法

玻璃纤维拉丝
设备的
维修与优化

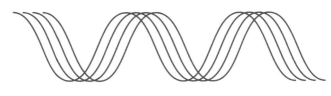

中华全国总工会 组织编写

温广勇 著

中国工人出版社

匠心筑梦　技能报国

技术工人队伍是支撑中国制造、中国创造的重要力量。我国工人阶级和广大劳动群众要大力弘扬劳模精神、劳动精神、工匠精神，适应当今世界科技革命和产业变革的需要，勤学苦练、深入钻研，勇于创新、敢为人先，不断提高技术技能水平，为推动高质量发展、实施制造强国战略、全面建设社会主义现代化国家贡献智慧和力量。

——习近平致首届大国工匠
创新交流大会的贺信

序

党的二十大擘画了全面建设社会主义现代化国家、全面推进中华民族伟大复兴的宏伟蓝图。要把宏伟蓝图变成美好现实，根本上要靠包括工人阶级在内的全体人民的劳动、创造、奉献，高质量发展更离不开一支高素质的技术工人队伍。

党中央高度重视弘扬工匠精神和培养大国工匠。习近平总书记专门致信祝贺首届大国工匠创新交流大会，特别强调"技术工人队伍是支撑中国制造、中国创造的重要力量"，要求工人阶级和广大劳动群众要"适应当今世界科技革命和产业变革的需要，勤学苦练、深入钻研，勇于创新、敢为人先，不断提高技术技能水平"。这些亲切关怀和殷殷厚望，激励鼓舞着亿万职工群众弘扬劳模精神、劳动精神、工匠精神，奋进新征程、建功新时代。

近年来，全国各级工会认真学习贯彻习近平总书记关于工人阶级和工会工作的重要论述，特别是关于产业工人队伍建设改革的重要指示和致首届大国工匠创新交流大会贺信的精神，进一步加大工匠技能人才的培养选树力度，叫响做实大国工匠品牌，不断提高广大职工的技术技能水平。以大国工匠为代表的一大批杰出技术工人，聚焦重大战略、重大工程、重大项目、重点产业，通过生产实践和技术创新活动，总结出先进的技能技法，产生了巨大的经济效益和社会效益。

深化群众性技术创新活动，开展先进操作法总结、命名和推广，是《新时期产业工人队伍建设改革方案》的主要举措之一。落实全国总工会党组书记处的指示和要求，中国工人出版社和各全国产业工会、地方工会合作，精心推出"优秀技术工人百工百法丛书"，在全国范围内总结 100 种以工匠命名的解决生产一线现场问题的先进工作法，同时运用现代信息技术手段，同步生产视频课程、线上题库、工匠专区、元宇宙工匠创新工作室等数字知识产品。这是尊重技术工人首创精神的重要体现，是工会提高职工技能素质和创新能力的有力做法，必将带动各级工会先进操作法总结、命名和推广工作形成热潮。

此次入选"优秀技术工人百工百法丛书"作者群体的工匠人才，都是全国各行各业的杰出技术工人代表。他们总结自己的技能、技法和创新方法，著书立说、宣传推广，能让更多人看到技术工人创造的经济社会价值，带动更多产业工人积极提高自身技术技能水平，更好地助力高质量发展。中小微企业对工匠人才的孵化培育能力要弱于大型企业，对技术技能的渴求更为迫切。优秀技术工人工作法的出版，以及相关数字衍生知识服务产品的推广，将为中小微企业的技术进步与快速发展起到推动作用。

当前，产业转型正日趋加快，广大职工对于技能水平提升的需求日益迫切。为职工群众创造更多学习最新技术技能的机会和条件，传播普及高效解决生产一线现场问题的工法、技法和创新方法，充分发挥工匠人才的"传帮带"作用，工会组织责无旁贷。希望各地工会能够总结命名推广更多大国工匠和优秀技术工人的先进工作法，培养更多适应经济结构优化和产业转型升级需求的高技能人才，为加快建设一支知识型、技术型、创新型劳动者大军发挥重要作用。

中华全国总工会兼职副主席、大国工匠

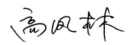

优秀技术工人百工百法丛书
机械冶金建材卷
编委会

作者简介
About The Author

温广勇

1974 年出生，泰山玻璃纤维有限公司设备动力部部长，电气维修工，高级技师，泰安市总工会兼职副主席。

曾获"全国劳动模范""齐鲁大工匠""齐鲁首席技师""齐鲁最美职工"等荣誉和称号，享受国务院政府特殊津贴。

多年来，他致力于玻璃纤维成型的关键设备——

拉丝机的维保、改造工作，带领团队解决"卡脖子"难题，独创"三五一十五"工作法，解决了拉丝机设备故障率高、在线维修时间长的问题，被誉为拉丝机维修的"活字典"；出色完成了老旧拉丝机系统性改造升级再利用项目，让旧设备实现了控制数字化、运行自动化，为企业节省生产成本 2090 余万元；先后主持、参与技术创新及工艺改进项目 70 余项，累计荣获全国建材行业技术革新奖 10 项，省、市级科技进步奖 13 项，国家发明专利授权 2 项，实用新型专利 30 余项，累计为企业创造经济效益 4000 余万元。以他的名字命名的温广勇劳模创新工作室，依托各专业技术团队，以工作室为核心，以"师带徒"为载体，构建了全方位、立体化的技能人才队伍培养体系，先后培养出 40 名省、市级高技能人才。2018 年，工作室被山东省总工会认定为"山东省示范性劳模和工匠人才创新工作室"。

以德立身，以技立业

坚持我呆多能持久创新

目　　录
Contents

引　言
Introduction

　　玻璃纤维的制备过程是将多种矿石粉末经过高温熔化后，通过拉丝设备（下文简称拉丝机）将熔化后的玻璃液拉制成细丝，再经过集束、浸涂等工艺形成玻璃纤维。目前玻璃纤维生产制造业普遍采用池窑拉丝技术。由于此类技术的特性，玻璃液无法被存储，只能连续不间断地用于生产。

　　玻璃纤维单丝的平滑度、直径均匀度、强度、模量等都是与品质有关的重要因素，而拉丝机的运行稳定性、机架刚性、传动机构的精度等都会对玻璃纤维的品质产生比较大的影响。因此，在玻璃纤维连续生产过程中，拉丝机成为环节控制和质量保证的关键。如果拉丝机发生故障，会导致玻璃纤维连续生产过程中断，直接影响产品的产量及质量。总的来说，拉丝机在玻璃纤维制备过程中非常重要，不仅会影响玻璃纤维的生产效率，还是保证玻璃纤维在后续加工中达到一定的物理性能和化学性能要求的关键，对产品的品质和稳定性有重要影响。

我们通过不断地摸索、实践，总结出拉丝机的一些通用故障维修方法和贴合生产实际的技术改造优化方法，以供同行共同探讨。

第一讲

玻璃纤维拉丝机的结构及工作原理

一、玻璃纤维生产工艺简述

玻璃纤维是一种性能优异的无机非金属材料，其绝缘性、耐热性、抗腐蚀性、机械强度都非常优异，常用作复合材料中的增强材料、电绝缘材料、绝热保温材料和电路基板等。其生产过程主要包括粉料熔融、纤维成型及其他后续过程。

粉料熔融过程是指各类特定矿石粉料在高温下经过硅酸盐反应、熔融、澄清，再转化成均质玻璃液（这个过程称为均化）的过程。熔融是指配合料反应后固相相融的过程。澄清是指从熔融的玻璃液中排除气泡的过程。均化是指把线道、条纹以及节瘤等缺陷减少到容许程度的过程，也是把玻璃液的化学成分均化的过程。

纤维成型过程是指高温的、有黏性的玻璃液从铂金漏板的漏嘴呈滴状流出后，先后经历冷却、集束、涂覆等，最终被下方的拉丝机设备以一定的恒定线速度进行卷绕牵引，并固化成一定直径的连续玻璃纤维的过程。可见，拉丝机是玻璃纤维连续生产过程中影响产品状态变化的主要设备之一。玻璃纤维成型工艺简图如图 1 所示。

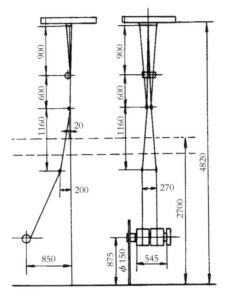

图 1　玻璃纤维成型工艺简图（单位：mm）

二、玻璃纤维拉丝机简述

玻璃纤维拉丝机的主要作用是将玻璃纤维连续、恒速（线速度）拉制，卷绕成型，其主要包含机头端盖、卷绕机头、导纱杆、排线箱等装置部件。其中，卷绕机头通过电机及其附属结构带动转动，玻璃纤维由排线箱中的排线梭子带动往复运动，由此在机头上通过一定卷绕比排列绕制生产。当一个机头上的玻璃纤维丝饼达到一定重量时，需要使用另外一个机头绕制。这时导纱杆将丝束推到机头端盖上，机头转盘带动两个机头顺时针旋转，两个机头互换位置后，即可完成纤维绕制的机头转换。这样就可以达到持续生产而不重新上车生产的目的。拉丝机简图如图2所示。

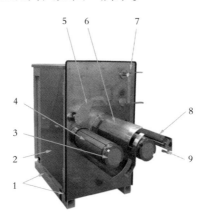

图 2　拉丝机简图

1-叉车叉耳位置；2-可拆分侧板；3-机头端盖；4-机头芯轴；
5-丝饼推出装置；6-分隔板；7-导纱杆；8-排线箱；9-端盖清理水嘴

　　为了保证各项功能的稳定运行，拉丝机还有油
雾装置、压缩空气阀组、水阀组、集电环、速度调
节阀、导纱杆气缸、卷绕电机、横移装置、转盘驱
动等部件，如图3所示。各类部件和机构通过可
编程逻辑控制器（Programmable Logic Controller,
PLC）以及伺服控制系统自动运行，其程序设计、
计算方式以及精度控制直接影响着玻璃纤维成型的

图 3　拉丝机内部结构

1-油雾装置；2-压缩空气阀组；3-水阀组；4-集电环；5-速度调节阀；
6-导纱杆气缸；7-卷绕电机；8-横移装置；9-转盘驱动

好坏及生产稳定性，其软硬件的融合度至关重要。

三、拉丝机的使用环境

拉丝机安装在玻璃纤维生产车间中，而玻璃纤维生产现场环境以高温、高湿为主，现场还有较多的玻璃纤维毛丝以及涂覆玻璃纤维所用的浸润剂。浸润剂具有黏度大、固结快、弱酸性或弱碱性等特点，容易形成毛丝及胶结，如图4、图5所示，会给设备运行、精度保证带来较大的影响。所以，拉丝机对作业环境的适应性是保障其正常运转的前提。

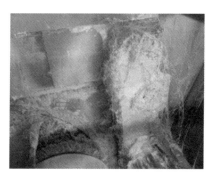

图 4 毛丝及胶结

图 5　玻璃纤维生产现场环境

第二讲

拉丝机机头张力不够的
解决方法

一、新型产品对拉丝机机头的影响

在玻璃纤维制造行业，拉丝机是玻璃纤维产品从熔融状态变成纤维状态最重要的设备，而高速旋转的机头则是拉丝机上负责旋转卷绕的主要机械系统。

为了使卷绕成型的玻璃纤维产品顺利脱出，机头具备收缩、涨紧的基本功能。由于行业规模发展、窑炉及漏板的生产技术提升、玻璃纤维应用场景扩展、各类新兴行业对产品要求更为严苛等原因，玻璃纤维产品的直径越来越小，生产速度也不断提升，许多产品的生产需要更高的玻璃液黏度和线速度，进而使得玻璃纤维有更大的张力。在玻璃纤维的拉制过程中，张力的增大会导致机头涨片被勒紧从而变形。当机头停止转动时，由于离心力的消失，丝饼的束缚力会变得更大，这时丝饼会发生变形，同时机头涨片也会变形，此时丝饼将无法卸下，甚至被损坏，如图 6 所示，更严重时会造成部分产品无法生产。

图 6 丝饼受损

二、解决拉丝机机头张力不够的四步法

针对特殊产品在生产时导致机头涨片被勒紧变形的问题，各个厂家的解决方法不一样。我们根据实际使用效果，按照下列几个重点进行了分步解决。

（1）加长机头涨片的行程，保证机头在收缩时不会因为行程不够而影响产品卸筒。在保证涨筒直径相同的条件下，合理地减小缩筒直径，从而使卸筒更加容易、快捷。下页图7所示为拉丝机机头涨筒状态，图7（a）是正常机头涨筒状态，图7（b）是高涨力机头涨筒状态。两个涨筒的直径均为273mm，通过观察涨片突出的定位卡扣可以发现，高涨力机头的定位卡扣更突出，说明其缩筒直径小；反之，正常机头的缩筒直径大。

（2）针对机头低速转动时，涨片离心力不够的问题，可以考虑增加涨片重量，以提高机头在运转过程中的离心力，保证丝饼在拉制过程中的离心支撑力。第16页的图8所示为各种拉丝机机头所用

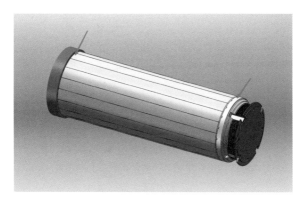

（a）正常机头涨筒状态

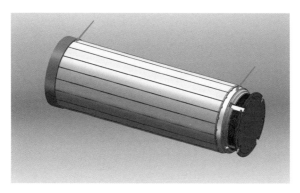

（b）高涨力机头涨筒状态

图7　拉丝机机头涨筒状态

注：图中的箭头所指为不锈钢断丝环，不锈钢断丝环为厂家标准件，直径相同。

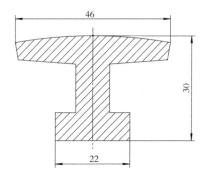

（a）德国拉丝机 273 机头所用涨片截面图

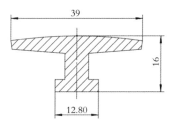

（b）日本拉丝机 273 机头所用涨片截面图

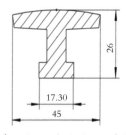

（c）高涨力 273 机头所用涨片截面图

图 8　各种拉丝机所用涨片截面图（单位：mm）

涨片截面图。德国拉丝机 273 机头由 18 块涨片组成，图 8（a）单根涨片重 1.17kg；日本拉丝机 273 机头由 22 块涨片组成，图 8(b)单根涨片重 0.49kg；高涨力 273 机头由 22 块涨片组成，图 8（c）单根涨片重 0.96kg。需要注意的是，不能一直增加涨片的重量。

　　使用软件进行建模及分析，结果显示涨片受力均匀，如下页图 9 所示。不考虑离心力及丝饼重量等因素，使两者最大位移凹陷变形为 2mm，再测算单根涨片所受压力。德国拉丝机 273 机头涨片单根受力最大为 10000N；日本拉丝机 273 机头涨片单根受力最大为 1000N；高涨力 273 机头涨片单根受力最大为 5400N。高涨力 273 机头涨片的整体变形能力适中。根据现场实际情况及模拟测试结果可知，太软、截面惯性矩小的涨片容易被产品勒至弹性形变，从而无法卸筒；太硬的涨片使用一段时间后容易产生塑性变形，无法继续使用。

　　（3）在原拉丝机的基础上做适配时，要考虑整

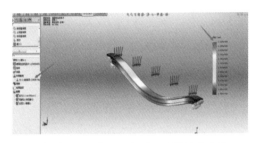

（a）德国拉丝机 273 机头涨片单根受力图

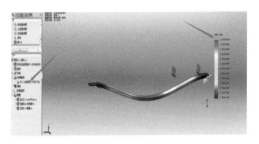

（b）日本拉丝机 273 机头涨片单根受力图

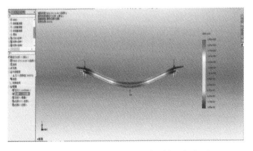

（c）高涨力 273 机头涨片单根受力图

图 9　各种拉丝机涨片单根受力图

体机头的重量及重心，保证适配后设备的振动幅值在允许范围内（拉丝机机头转速为 3000r/min 时，空载振动幅值 ≤ 50μm）。

（4）针对机头中间涨片变形的问题，需要考虑改变机头的支撑结构。如图 10 所示，将图 10（a）

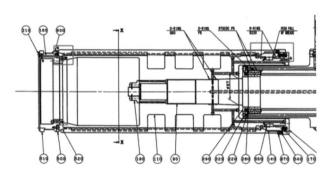

（a）普通机头结构图

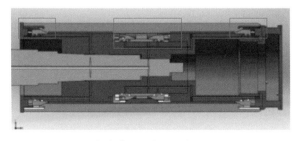

（b）高涨力机头结构图

图 10　普通机头与高涨力机头结构对比

中普通机头的双支撑、单锥套结构改为图 10（b）中高涨力机头的三支撑、四锥套结构，在涨片中间位置增加支撑，保证丝饼在停机、机头离心力消失后，不会将涨片勒紧变形。增加支撑及锥套，将原来的活动单元由 1 个变为 4 个。中心支撑结构无法在现有叶轮结构上增加，需将叶轮改为分体两段式。除此之外，还应考虑气室及气动结构的改变，保证推力系统在机头内部有足够的活动空间。

三、拉丝机高涨力机头的应用效果

高涨力机头涨片的涨缩行程增大、离心力增高、中心支撑结构增加，可以有效避免高涨力玻璃纤维勒紧涤锦筒导致其变形后，因机头涨片无收缩空间造成的无法卸筒情况。在同等状态下，德国拉丝机原装机头纱筒的最高点与机头涨片的间隙为 6mm；日本拉丝机原装机头纱筒的最高点与机头涨片的间隙为 5mm；高涨力机头纱筒的最高点与机头涨片的间隙为 30mm，卸筒时间由 30s 缩短为 10s，卸筒速度变快，提升生产效率 70%，且节省人力。

　　随着此项难题的解决，今后在定做玻璃纤维拉丝机时，完全可以把使用高涨力机头的这几个理念进行推广。即使对于其他纤维类产品的生产设备，也有很大的借鉴意义。

拉丝机集电环长期使用的优化设计

一、拉丝机集电环的工作原理及常见故障

拉丝机集电环有不同的结构，但原理上大部分是依靠导电弹针与环体上的导电体进行压力接触来确保电气的导通，为转盘上的两个机头电机输送电能与编码器信号，主要由旋转部分与静止部分组成。旋转部分连接设备的旋转结构，并随之旋转运动，被称为转子；静止部分连接设备的固定结构的能源，被称为定子。拉丝机经过长期转动老化后，因为导电弹针张力减退，跟导电体间压力接触不良，引起传输不良的问题，再加上未 24h 不间断运行、设备振动等因素，造成拉丝机因故障报警并停机。

二、提升集电环使用寿命和降低故障率的解决办法

为了解决这个问题，主要运用以下两种方法。

（1）更改导电弹针的结构，由原来的弹针压力接触方式改为弹片夹紧方式。采用金属弹片结构，该结构由金属连接片和触点组成。每两个金属弹片为一组，合并进行拱形安装。弹片和动集电环接触

部分装有合金触点。其具有耐磨、导电性优良的特性，能够牢牢夹紧动集电环的金属片，有效避免导电弹针与动集电环在长久使用后夹紧力减弱情况的发生，大大增加了集电环的牢固性，延长了拉丝机的使用寿命，并对集电环外壳材料进行了加固处理。下页图 11 所示为新式集电环的外形尺寸。

（2）增加集电环的备用通道。新式集电环在动力通道和编码器通道均冗余了多个备用通道。当拉丝机机头电机能量传输系统出现问题时，可快速连接备用电缆，这样能有效降低机头系统传输数据丢失的风险，提高整体系统的稳定性。第 27 页的图 12 所示为新式集电环的备用通道。

三、集电环改造后的应用效果

更改导电弹针的结构和增加集电环的备用通道后，集电环的使用寿命延长了 2~3 倍，在拉丝机设备寿命周期内不再出现因接触不良造成的设备停机检修。

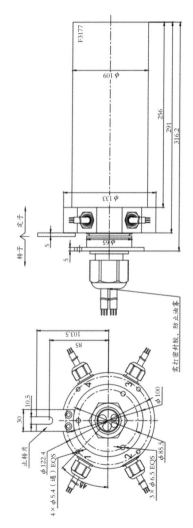

图 11 新式集电环的外形尺寸（单位：mm）

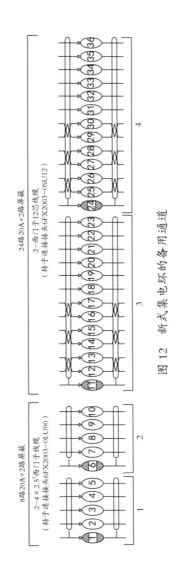

图 12 新式集电环的备用通道

第四讲

拉丝机机体内部水电分离的优化改造

一、拉丝机机体内部水电分离改造的背景

由于拉丝机的作业环境湿度大、毛丝多，浸润剂还有一定的黏性，所以为了防止拉丝机的机头、排线箱等转动部件磨损、胶结，需要用水对其进行间歇性冲洗。除此之外，在换机头的过程中，由于玻璃纤维丝束从一个机头到另一个机头缠绕着，断裂后会有大量玻璃纤维毛丝飞溅，这也需要用喷雾水来降尘。所以，拉丝机的作业现场用水部位较多，而且水质不同（产品处用纯水，清洗处用自来水），压力需求也不同。这就需要在设备机体内配有一定数量的电磁阀、接头、管线等，而机体内部还配有各类传感器、动力线及控制线等。经过长期使用，水管线及其附件老化，会出现水跑、冒、滴、漏甚至溅射的情况，而水、电同在机体内部，导致各类故障随之而来。

二、优化水电分离四步法

根据机体内部的实际情况及故障原因，按照下

列几个重点进行分步解决。

（1）优化接头材质，减少水管线及其附件老化、损坏后的跑、冒、滴、漏问题。经过长期使用验证，从进水处开始逐步延伸，分别将进水处的宝塔接头、塑料快插接头、铜材质快速接头全部更换为不锈钢材质接头，且在购买新产品时也要求全部更换为不锈钢材质接头。

（2）改变进水口位置。在实际使用过程中，进水口的位置也是至关重要的。原进水口的位置是在拉丝机上方，这是因为水、气、油的总管路一般置于拉丝机的上方。这三种介质在空间释放时，水是往下流的，压缩空气和油（油雾）则是弥漫扩散的。水一旦发生泄漏，整个机体内部的各类电气元件都会有进水的风险。因此，将进水口位置置于拉丝机下方，如下页图13所示，就可以保证即使进水口位置发生泄漏，也不会洒落至整个机体内部，而会直接从机体内部流出，进入地面排水装置中。

图 13 拉丝机进水口位置

（3）拉丝机机头的轴承是采用油雾润滑的，油雾在经过轴承后，由卸油孔排出，遍布在整个机体内部，导致机体内部各类电气元件被导电的油雾覆盖。长期积累后，各类电气故障就会频繁发生。因此，可将机体内部所有接线端子全部移至机体外部；对于无法移动的，则将端子接线的方式改为防水插头的方式，以有效减少水汽以及油雾的侵蚀。

（4）将水用电磁阀、压缩空气用电磁阀等各类电磁阀分开设置，如下页图 14 所示，且对水管管路进行单独铺设与覆盖，防止出现意外泄漏后造成其他各类用电部件故障。

（a）水用电磁阀

（b）压缩空气用电磁阀

（c）各类电磁阀集成

图 14　各类电磁阀位置

三、水电分离优化后的应用效果

经过对机体内部进行水电分离优化改造，机体内部的压缩空气、油雾、高低压水以及各类动力、控制电路均分开布置，有效避免了各类介质，尤其是水泄漏后，对电气设施造成的影响。其他生产设备如涉及水、电、气、油等多类介质在同一空间中布置时，亦可参照水电分隔的方式来进行设计，以避免在使用过程中由于多类介质泄漏而对设备造成故障损失。

第五讲

拉丝机自动上车装置与卸纱装置的维修与优化

一、拉丝机自动上车装置与卸纱装置优化的背景

玻璃纤维生产过程中的上车与卸纱工序劳动强度较大。随着自动化水平的不断提升，拉丝机在上车装置与卸纱装置自动化方面，也有了从无到有的逐步提升。

各厂家设计的自动上车装置大体相同，都是利用电机、气缸、传感器及其他传动装置来模拟人工牵引丝束，将丝束缠绕在机头。由于拉丝机的作业环境比较恶劣，这些动力装置及传感器无法实现完全密封，长时间受水汽、浸润剂等侵蚀，故障率极高，对生产影响较大。除此之外，部分产品的浸润剂胶结较快，胶结后硬度极高，如果慢拉辊筒长时间不运行，也极易发生黏涩、无法运行的现象。

随着各种机型的不断出现，产品产量的不断增加，玻璃纤维丝饼的重量越来越大。传统的卸纱装置（推出式）极易损坏丝饼端面，甚至会出现部分产品无法推出的现象。

二、自动上车装置与卸纱装置维修与优化措施

1. 自动上车装置维修与优化措施

（1）改变动力装置位置，将动力装置（电机或气动马达）由拉丝机生产区域（水汽、毛丝、浸润剂雾气较多的区域）移至拉丝机机体内部（生产区域后方，环境相对较好，如图 15 所示），增加传动轴、联轴器、快速连接件等装置，保证动力装置在长期运行过程中，有效避免水汽等的侵蚀。另外，由于安装空间增大，电机及减速机的可选型号也更多。

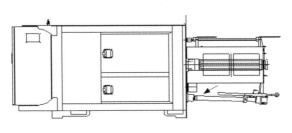

图 15 自动上车装置动力装置位置

（2）所有旋转动作，如拨纱入轮、挑纱上车等，均由旋转气缸带动拨杆完成。旋转气缸在实际使用过程中，对拉丝机作业环境的耐受性极差，导致故

障率很高，而直线气缸在此环境中的使用效果则较好。因此，发挥直线气缸在拉丝机作业环境中的优势，使用齿条、齿轮来完成直线到旋转的动作，如图16所示，既实现了原动作，又解决了耐受性差的问题。

图16　直线气缸带动齿条、齿轮完成旋转动作

（3）为了解决部分产品浸润剂胶结较快，慢拉辊筒长时间不运行会发生黏涩、无法运行现象的问题，在程序中新增防胶结功能。其主要原理是，当监测到慢拉辊筒长时间不运行时（根据浸润剂的特性而定，对于极易胶结的浸润剂，不运行的时长设定得短一些；对于不易胶结的浸润剂，不运行的时长设定得长一些，或者不设定），主动慢速旋转完固定圈数，有效解决了此问题。

2. 卸纱装置维修与优化措施

对于解决传统的卸纱装置（推出式）极易损坏丝饼端面的问题，目前主流方案是使用托举式卸纱装置。其主要原理是，自下而上将丝饼托起后，再将丝饼推出，以有效解决丝饼重量增加后，推丝饼端面时易出现损伤的问题。目前大部分托举式卸纱装置由丝杠、直线导轨、同步带、电机及相关附件组成。

（1）改变动力装置位置。与自动上车装置类似，将动力装置（电机或气动马达）由拉丝机生产区域（水汽、毛丝、浸润剂雾气较多的区域）移至拉丝机机体内部，有效避免水汽等的侵蚀。卸纱装置如图 17 所示。

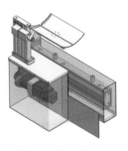

图 17　卸纱装置

（2）将上下提升机构由原来的各类机构组合，改为两根圆柱齿条与齿轮结构。圆柱齿条是呈柱形的齿条产品，其结构优势明显，可以当作直线导轨，也可当作动力传递机构，且无须维护，耐脏、耐水。这就解决了之前的设计部件多、需定期维护的问题。

三、维修与优化后的应用效果

经过对自动上车装置及卸纱装置的整体改造，动力装置均移至拉丝机机体内部，并且减少了在恶劣作业环境中需要使用润滑脂，不耐水、不耐脏的装置，同时对易胶结部位增加了防胶结程序设定，从根本上解决了在拉丝机作业环境中各类装置的主要故障点，也为后续各类自动化设备的设计提供了行之有效的思路。

第六讲

拉丝机润滑系统的维修与优化

一、拉丝机润滑系统的工作原理及问题

　　拉丝作业是连续365天、24小时不间断进行的，拉丝机数量又较多，因此在生产过程中，拉丝机的两个机头是不断高速运行的。为减少轴承发热、磨损等故障的发生，通常使用油雾润滑机头轴承。长时间运行后，拉丝机油雾润滑管道中会有液态油堆积，需要人工放油或使用带压油箱存储积油，无法实现润滑油的完全利用与回收。

　　两个机头要交替工作时，需要拉丝机的转盘进行180°旋转方可实现，可想而知转盘的负载重量是极大的。转盘有两种，一种是摩擦式转盘，另一种是轴承式转盘。其中，摩擦式转盘的工作原理类似摩擦轴承，其工作平稳、可靠、无噪声，在润滑条件下，滑动表面被润滑油分开，不发生直接接触，极大地减小摩擦损失和表面磨损，同时油膜具有一定的吸振作用，可以减少机头振动向机体的传递。但此类转盘启动的摩擦阻力较大，长时间放置后再运转会有过载的风险。

除此之外，拉丝机中还包括导轨、丝杠等各类需要油脂润滑的部位，其润滑周期不同，油脂用量也不同，给日常维护保养工作带来了极大的麻烦。

二、拉丝机润滑系统维修与优化三步法

根据拉丝机在润滑过程中出现的各类问题，可按照下列几个重点进行分步解决。

（1）油雾发生器一般都放置在高位，通过向下的管道到达水平方向后进行分流，对拉丝机逐台供油雾。这导致未完全雾化的油滴或者油雾形成油滴后长期积存，进入拉丝机中，从而改变油雾的气、液两相润滑过程。

解决方法是选用带回油功能的油雾发生器，将其从高位布置改为低位布置，通过向上的管道到达水平方向后再分流，将其水平管路做成末端高、首端低的设计，如下页图18所示，同时进入拉丝机的油雾管自总管上方开口，保证带压气体继续进入拉丝机中，而液态油则顺管线流回油雾发生器中，

从而减少液态油进入拉丝机后影响轴承的润滑与寿命的现象。

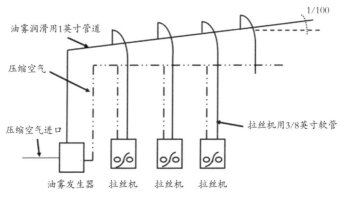

图18   油雾发生器系统

（2）摩擦式转盘的主要问题是在拉丝机长期停机后再次启动时，转盘里加注的普通润滑脂会和渗漏进去的少量浸润剂发生胶结，导致启动的摩擦阻力较大。此问题的解决办法是将普通润滑脂更换为石墨润滑脂，即使其中的基础油因长时间未用而干涸，但其中的石墨颗粒仍然可以为滑动提供润滑支撑。

（3）针对拉丝机各类需要油脂润滑的部位润滑周期不同、油脂用量不同的问题，可设计一套可调式润滑油脂分配器，根据不同部位、不同特点，以气压驱动总油脂气缸，通过可调的分配器，将润滑油脂定时定量分配到各个需要润滑的部位，解决日常维护保养工作长期依赖人工的问题。

三、拉丝机润滑系统的维修与优化后应用效果

经过系统化的改造，拉丝机的润滑系统基本可以实现对有不同润滑需求的部位进行相应的方案调整，为拉丝机润滑系统故障的减少及设计提供了有效的解决办法。

第七讲

拉丝机排线总成系统的
优化设计

一、拉丝机排线总成系统的工作原理及问题

拉丝机排线总成系统是玻璃纤维成型的主要设备，它的安全性、可靠性直接关系到玻璃纤维的成丝率。以日本合股纱拉丝机为例，由于厂家设计的排线总成系统的前端盖为一个平面，在排线喷雾水或现场进行卫生清理时，水会渗进前端盖内部，流至轴承处，造成轴承被锈蚀的现象，如图 19 所示，从而引发排线轴承卡死不转的故障。这种情况导致排线轴承的故障率较高，不仅增加了维修时间，还直接影响了拉丝机的运行效率。面对这种情况，优化拉丝机排线总成系统成为重点工作。

图 19　被锈蚀损坏的轴承

二、新式端盖的设计与应用

经过研究分析，我们重新设计了日本合股纱拉丝机的新式端盖，如图 20 所示。使用 6mm 厚圆钢制作挡水端盖，先顺圆边铣出 3mm×3mm 的导水槽，并在底部铣出一个 2cm 的泄水口，以便让进入端盖内的水顺导水槽流出排线箱，再挖空内芯，最后按排线箱螺栓的布置，开挖 M8 的螺栓固定孔，用于固定压盖，使其密封轴承，起到保护轴承的作用。

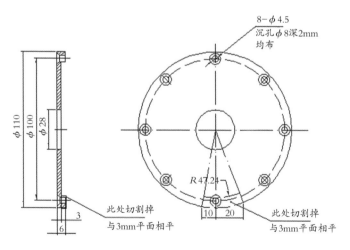

图 20　新式端盖

三、拉丝机排线总成系统优化后的应用效果

　　加装新式端盖后，每年为公司节约维修和配件费用 20 余万元。在现场环境无法改变的情况下，改进排线总成系统的端盖。在保证排线总成系统完好的情况下，加装压缩空气，如图 21 所示。使用调节阀调节好压力，使排线总成系统内部成为正压，避免喷雾水进入。这样的设计可以使水从端盖进入后，由导水槽流出，不会出现轴承进水现象，延长轴承的使用寿命，保证产品质量，减少维修费用，降低劳动强度，稳定拉丝作业质量。本项改进已在全公司推广使用。

图 21　加装压缩空气

第八讲

拉丝机控制程序的优化

　　本节介绍的是 TZLS160 型两分拉直接纱拉丝机的控制程序优化。TZLS160 型两分拉直接纱拉丝机是由 TZLS 系列拉丝机升级改造的机型，由于卷绕控制要求高，其卷绕比精度可以达到小数点后 7~8 位数。直接纱拉丝机生产出的直接纱形状是标准的圆柱形，其端面平整，如图 22 所示。

图 22　直接纱丝饼

一、控制系统的升级

1.问题描述

　　公司早期购买的 TZLS 系列拉丝机采用三菱 PLC 脉冲控制伺服控制器进行位置定位，容易受电磁场干扰出现定位识别差的问题。现场控制柜联锁使用大量继电器及大量 I/O（Input/Output，输入 / 输出）信号控制。受现场电磁环境影响，当多台拉丝机同时运行时，易发生丢脉冲、伺服轴丢位置、编码器频繁报警等故障，且只有基本的横移、编排和卷绕功能，无法实现与 DCS（Distributed Control System，分散控制系统）通信，导致无法实现漏板温度同步控制、现场工艺人员进行多元化参数调整应用，严重制约着原丝生产效率和品质。

2. 解决措施

可采用西门子新一代的 SIMOTION 运动控制系统，如下页图 23 所示。SIMOTION 运动控制系统作为一个单一的系统，集运动控制、逻辑控制与工艺控制功能于一体，能够最大限度地简化工程系统的开发与调试时间，还能保证较高的循环率和最高的产品质量。模块化的设计顺应了模块化机器概念的趋势，使用 PROFIBUS 和 PROFINET 实现模块之间的通信，有效避免了复杂的继电器逻辑联锁线路。

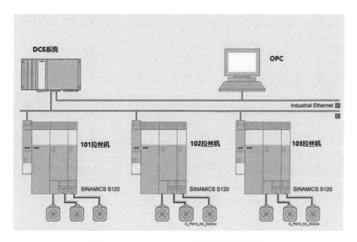

图 23　SIMOTION 运动控制系统

3.实施效果

运动控制系统主要控制精度、延时、转速、加速度等，能够实现设备的精准控制，从而提高原丝产品的质量，并且可在多个轴之间进行运动协调控制，可以使多个轴在运动全程中同步，同时在运动过程中的局部有速度同步，主要应用于需要有电子齿轮箱和电子凸轮功能的系统控制中。在拉丝机编排和卷绕插补控制中，控制算法常采用自适应前馈控制，即通过自动调节控制量的幅值和相位，来保证在输入端加一个与干扰幅值相等、相位相反的控制作用，以抑制周期干扰，保证系统的同步控制。

二、拉丝机冷启动功能的开发与应用

1.问题描述

如果玻璃纤维原丝生产过程中断，漏板流量一般会有所降低。如果这时重新开始生产，并且不对漏板环境等做出更改，PLC采用的漏板流量是[产品设定]中输入的[漏板流量]这个参数，导致实际线速度加快而产品的tex数值降低。第一个上车的满筒纱往往会被降级处理，从而产出异常丝饼，如图24所示，严重影响产品的优良率。

图 24　异常丝饼

2. 解决措施

为了修正这种情况，我们技术团队对飞丝后的漏板温度升降趋势进行了多点跟踪，并对漏板冷却风、高压喷雾、涂油器转速等进行了前后对比，最终确定在拉丝机机头初始转速上进行补偿，设计开发冷启动功能。现场工艺人员可以在冷启动屏幕页中输入一些调整值。如在生产中断之后，对 [漏板降量百分比] 这个参数进行增加（如调整值为 +5% ）或者减少（如调整值为 –5%），来改变漏板流量，进而更改线速度。这个调整值是一个百分比，是针对漏板流量进行微调。新的计算数据将会在新的成型过程中使用。重启生产之后，在 [漏板降量时间] 这个参数设置的时间内，计算的漏板流量会降低，线速度会加快。当设定的这段时间结束后，漏板流量的参数将会恢复到 [产品设定] 中的正常参数水平。

以下为参数代表的内容。

[当前冷却流量]：显示的是中断时的漏板流量。

[漏板降量停止时间]：显示的是中断的时间。

[漏板降量运行时间]：显示的是降量期间拉丝机运行时间。

[漏板流量]：显示的是[产品设定]中设定的漏板流量。

[实际漏板流量]：这个参数是实际的，是PLC计算使用的漏板流量。如果通过设定[漏板降量时间]来使用漏板的降量功能，就可以在中断后重新开始生产，在冷启动时看到参数的变化。

以上提及的所有参数都在下页图25中完整地体现出其相互之间的联系。

3. 实施效果

应用拉丝机冷启动功能后，可使机头转速补偿值与第一个上车的满筒纱的漏板流量值成正比，以提高原丝质量。目前公司的1000余台其他品牌的拉丝机均借鉴此方法改善控制方式，取得了良好效果。

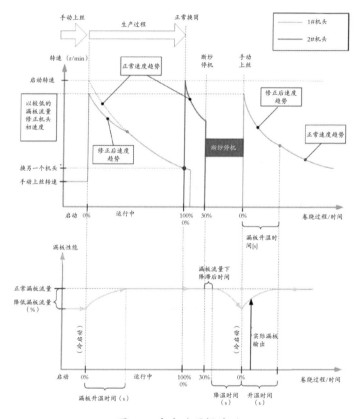

图 25 冷启动逻辑关联

三、玻璃纤维丝束自动上车程序的开发与应用

1.问题描述

玻璃纤维原丝的引丝、上车工序一直都由人工操作，如图 26 所示。该工序的作业环境差，用工量大，对操作人员的体力要求较高。当前，企业都面临招工难、人工成本高等问题，自动化改造成了企业转型的重要途径。随着社会的进步，为员工改善恶劣的作业环境和加强安全生产也是企业的应尽之责。

图 26　人工操作玻璃纤维原丝上车

2. 解决措施

可开发、设计一套在拉丝区域封闭式运行的自动上车装置来替代人工操作，图 27 所示为自动上车装置。自动上车装置由减速电机、电机、打杆、拨杆、慢拉辊、摆动气缸、主动轴、套筒、防护套筒、密封板、辊轴、辊筒等零部件组成，通过两个辊筒之间的低速牵引配合实现玻璃纤维原丝自动上车功能。拉丝机在运行的过程中，需要将纱束稳固地连接在机头上，以确保机头能够将纱束稳定地进行缠绕处理。为此，设计了自动上车装置应用程序，如下页的图 28、第 62 页图 29 所示。

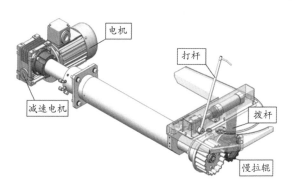

图 27   自动上车装置

```
265    Rt_ChangeCan.Man(i_bo_changeCanButton);//急停按钮
266    /////////////////////////////////////////////准备、轴下运行且开关on/////////////////////////////////////
267
268    IF ( rt_OpenCan.q (*    OR gbo_MainAxisPull(1)*))AND NOT qbo_StackA AND Axis_A.control =INACTIVE    THEN
269
270        IF gi_MainStep = 10 OR gi_MainStep = 1230 THEN
271            q_bo_BackMovingled := FALSE;
272        END_IF;
273        //rt_ChangeOK(gbo_changeCan);
274        //rt_CanInPos(i_bo_canInPos);
275    rt_CanInPos(i_bo_changeCanButtom OR i_bo_canInPos);
276        //(rt_AxisInPos(i_bo_axisInPos) AND gi_actAxis =2 AND gi_standByAxis = 1)
277    rt_Drum_Sync(clk:=(gi_actAxis =1 AND gi_standByAxis = 2)  OR (gi_actAxis =2 AND gi_standByAxis = 1)
278
279    //手动上车
280
281        IF (i_bo_startButtom AND gbo_changeCan_OK AND ((gi_actAxis=1 AND NOT qbo_StackA) OR (gi_actAxis=2 AND NOT qbo_StackB)))
282                OR gboAutoRunning) AND gbo_BackHomed AND ABS(gaxis_posAxis[4].basicmotion.position ) <0.5 THEN
283            gi_MainStep := 1340 ;
284        END_IF;
285
286    //爆炸上车
287
288        IF i_bo_Man1start AND gbo_changeCan_OK AND ((gi_actAxis=1 AND NOT qbo_StackA) OR (gi_actAxis=2 AND NOT qbo_StackB))
289        AND gbo_BackHomed AND ABS(gaxis_posAxis[4].basicmotion.position )<0.5 THEN
290            Man1aSetSpd := INT_TO_WORD(REAL_TO_INT(Hmi_Shangsi1Spd[2]/1500*16384));
291            Man1aCtrlWord := 16#047F;
292            gi_MainStep := 1331 ;
293        END_IF;
294
295
296    IF NOT gboAutoRunning THEN
297        bFirstWorkpicsPrePressStartButton:=TRUE;
298    END_IF;
299
300    1331:    qaxis_enable[1] := TRUE;
301        gboBackGoBack := TRUE;
302    IF  bo_Drum_control =ACTIVE AND Hmi_Shangsi1Spd[1] > Hmi_Shangsitime[1] THEN
303            gi_MainStep := 1332 ;
304    END_IF;
305    1332:
306        IF Hmi_Shangsi1Spd[3] >= Hmi_Shangsitime[2] THEN
307            FOR2.0 := TRUE; //  慢挡水平引运动作
308            FOR2.1 := FALSE; // 慢挡水平引脱复位
309        END_IF;
```

图28　控制逻辑程序（一）

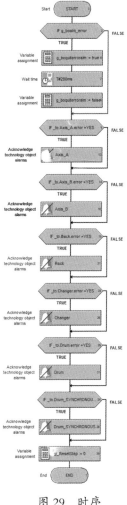

图 29   时序

使用方法如下。

（1）设备处于停机状态且触摸屏上如图 30 所示，慢拉功能打开，否则慢拉辊无法启动。

图 30　参数表

（2）确保地沟位置合理，玻璃纤维丝束能够顺利进入慢拉辊，并且顺畅下落。

（3）漏板层引丝人员在确认玻璃纤维没有火球的情况下，才能将玻璃纤维丝束放入慢拉辊，否则会造成慢拉辊烧坏。

（4）漏板层引丝人员进行上车操作时，先开启涂油器，按下慢拉启动按钮，慢拉辊按照牵引速度运行，触摸屏设定为慢拉低速值，同时导纱杆收回。

（5）确认引丝正常后，把纱线放入慢拉辊摆丝区域，再次按下慢拉功能按钮，摆丝杆把纱线摆入慢拉辊，导纱杆推出。

（6）确认达到上车要求后，按下自动上丝按钮，拉丝机启动，慢拉辊摆丝上车。上车完成后，拉丝机进入正常生产状态，慢拉辊恢复初始状态。

慢拉设置事项如下。

引丝阀延时：导纱杆推出后延时此时间，钩纱杆动作，将纱钩进胶轮。

引丝阀保持：引丝阀输出此设定时间后，自动关闭。

引丝横移：第一次按引丝按钮后，横移靠近的长度。

横移速度：横移运行时的速度。

自动停延时：自动慢拉时，拉丝机启动后延时此时间，慢拉停止。

手动停延时：手动慢拉时，拉丝机启动后延时此时间，慢拉停止。

慢拉上头速度：使用慢拉上头时的机头速度。

倾斜角度：第一次按引丝换筒时向上翻转的角度。

下沉角度：启动拉丝机后机头下沉的角度。

慢拉自动关/开：设置自动或手动启动慢拉。自动启动慢拉时，拉丝机停止后就处于慢拉状态；手动启动慢拉，则需要手动操作，以进入慢拉状态。

3. 实施效果

玻璃纤维丝束自动上车程序的开发与应用提高了生产效率，降低了工人的劳动强度，节约了成本，减少了操作中的人为失误，为企业创造了更大的利润，大大改善了生产环节，提高了产品质量。

四、多级进展卷绕比功能的开发与应用

1. 问题描述

直接纱拉丝机是关键的拉丝成型设备，可以拉制单丝直径为 5~20μm 的直接纱。对于直接纱而言，

生产出类似于蜂窝状结构的原丝纱筒有利于烘干过程控制，对于提高产品质量、节约能源至关重要。卷绕比就是控制、调整纱筒外形的关键参数，若不注意这一点，纱筒就会在烘干时失去稳定性。

　　所谓卷绕比，就是原丝往复一次的卷绕转数。针对直接无捻粗纱拉丝机来讲，其卷绕比就是机头转速与排线器转速之比。卷绕比的不同直接影响到纱线间距的变化，对纱筒的稳定性和硬度有决定性影响，同时对纱筒的外形产生影响。卷绕比不合适，对纱筒的成型极为不利，会造成直接纱烘干时不稳定，直接影响产品的质量；在外形上，可能会出现两种形状，如图 31 所示。

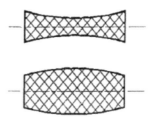

图 31　纱筒外形可能出现的两种形状

2.解决措施

在拉丝机触摸屏上设置多级卷绕比的不同参数值，如图 32 所示；增加控制逻辑程序，如下页图 33 所示。当收卷直径较小时，需要机头转动的圈数多，排线箱编排叠压纱束量较多；当收卷直径较大时，需要机头转动的圈数减少，排线箱编排叠压纱束量较少。形成蜂窝状结构纱筒是生产合格品的第一步，而卷绕比的选择是形成蜂窝状结构纱筒的关键，这一点在实际应用中得到了充分的验证。卷绕比选择不当，纱筒将产生重叠现象，从而破坏纱筒成型，造成废品。因此，为了节约能源，降低成

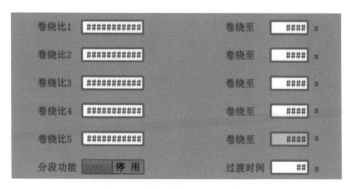

图 32　多级卷绕比参数设置

```
32    IF NOT gbo_AllReady THEN
33        tempBool[0] := NOT i_bo_estopButtom;
34        //tempBool[1] := NOT pi_bo_airPressureOn;
35        tempBool[2] := Axis_A.errorreaction <> NONE;
36        tempBool[3] := Axis_B.errorreaction <> NONE;
37        tempBool[4] := Back.errorreaction <> NONE;
38        tempBool[5] := Changer.errorreaction <> NONE;
39        tempBool[6] := Drum.errorreaction <> NONE;
40        //tempBool[7] := Wave.errorreaction <> NONE;
41        tempBool[8] := NOT i_bo_estopButtom2;
42        //tempBool[9] := tempBool[9] OR NOT i_bo_estopButtom;
43        // tempBool[10] := tempBool[10] OR i_bo_BackLimitIn;
44
45        //tempBool[12] := tempBool[12] OR i_bo_BuncherWaveLimitOut;
46        //tempBool[13] := tempBool[13] OR i_bo_BuncherWaveLimitIn;
47
48        tempBool[16] := HMI_lrDensityV<=0;
49        tempBool[17] := HMI_lrDStart<=0;
50        tempBool[18] := HMI_lrTex<=0;
51        tempBool[19] := HMI_lrTexFactor<=0;
52        tempBool[20] := HMI_lrFlow<=0;
53        tempBool[21] := HMI_lrWeight<=0;
54        tempBool[22] := HMI_iHeadNO<=0;
55        tempBool[24] := gi_TimeAct >= gi_TimeFull AND q_bo_FullCanLed;
56
57    END_IF;
58
59    FOR i:= 0 TO 7 BY 1 DO
60        tempByte[i] :=_byte_from_8bool(
61            bit0:=tempBool[0+i*8],
62            bit1:=tempBool[1+i*8],
63            bit2:=tempBool[2+i*8],
64            bit3:=tempBool[3+i*8],
65            bit4:=tempBool[4+i*8],
66            bit5:=tempBool[5+i*8],
67            bit6:=tempBool[6+i*8],
68            bit7:=tempBool[7+i*8]);
69    END_FOR;
```

图33 控制逻辑程序（二）

本，认真计算满足生产要求的卷绕比在直接纱生产过程中举足轻重。为了避免在整个卷绕过程中，个别节点漏板温度出现波动情况，将原卷绕比分成多段执行，保障内外层纱筒成型一致。

3. 实施效果

在拉丝机卷绕过程中，分段设置不同数值。以下页图34为例，由原来单个卷绕比参数改为5个卷绕比参数后，漏板温度波动和设备本身振动因素引起的线速度不稳定现象得到改善。

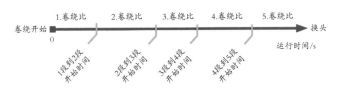

图 34　分段设置不同数值的卷绕比

五、运行数据统计、分析功能的开发与应用

1. 问题描述

拉丝机的运行效率是公司的一项重要考核指标，考核指标中包含每台设备的总筒数、满筒数、运行等干接点信号。这些信号通过电缆连接到 DCS 进行分析、运算，下页图 35 所示为拉丝机报表运行系统。由于使用多芯电缆传输，距离太长会加大线路损耗，影响数据的传输，降低统计质量。还有部分线路接头多，线路损耗也比较大。环境温度、电磁、辐射等都会对电缆造成一定的影响，严重影响数据统计的及时性和准确性。

B3高强拉丝机报表

机台	...
B301	
B302	
B303	
B304	
B305	
B306	
B307	
B308	

图 35　拉丝机报表运行系统

2. 解决措施

可对拉丝机采用 Modbus TCP 通信协议连接，通过报文头标识不同的网关或者数据长度区分每台拉丝机，以解决线路多、环境因素影响带来的线路损耗问题。通过 Modbus TCP 通信协议连接，还有传输距离远、传输速度快、施工简单、维护方便等优点。为方便对拉丝机进行数据统计及管理，拉丝机可采用 Modbus TCP 通信接口。对通信信号点、数据格式有详细的要求。字节顺序要求及说明如下。

（1）布尔型（BOOL）：由两个字节 byte0（bit0~bit7）、byte1（bit8~bit15）组成，占用 1 个寄存器地址，数据发送顺序为 byte1 → byte0，低字节在前，高字节在后。

（2）整型（INT）：由两个字节 byte0（bit0~bit7）、byte1（bit8~bit15）组成，占用 1 个寄存器地址，数据发送顺序为 byte1 → byte0。低字节在前，高字节在后。

（3）浮点型（FLOAT）：符合 IEEE 754 格式，共 4 个字节，占用 2 个寄存器地址。低字节在前，高字节在后。

同时，可设计一种拉丝机运行效率精准统计方法，精准统计每台拉丝机每班的设备运行效率，同时得到各班组、整个工厂每班、每天、每月的设备运行效率。该方法还可准确剔除外部影响时间，得到更精准、更稳定的拉丝机运行效率数据，在便于管理的同时，降低人工计算的劳动强度。

3. 实施效果

在生产过程中，对所有拉丝机进行运行效率精准统计，采集相关设备信息，对设备生产全过程进行智能化管理，能更准确、更有效地监测拉丝机、漏板设备的各种状态，使管理者及时督查车间现场情况，或进行远程指导管理，实现数字化、智能化、可视化管理。下页图 36 所示为拉丝机运行可视系统。

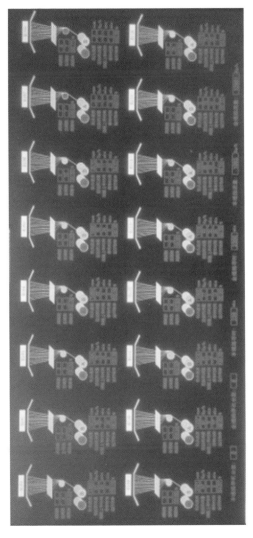

图 36　拉丝机运行可视系统

后　记

　　创新是个人发展的生命力，就像一盏明灯，在黑暗中发出万丈光芒，引导人们不断前进。创新更是一个企业、一个民族乃至一个国家兴衰的根本。我国要实现高水平的科技自立自强，进入创新型国家前列，对新时代的高技能人才提出了更高的要求。

　　在知识创新、科技创新、产业创新不断加速的新时代，高技能人才资源已成为重要的战略资源。我作为一名从玻璃纤维制造业中成长起来的"齐鲁大工匠"，深知高技能人才是企业、行业提升核心竞争力的重要基石。多年来，我们以劳模创新工作室成员为核心，以师徒帮带为载体，构建了全方位、立体化的技能人才队伍培养体系，在本职岗位上坚持发挥劳模、工匠引领作用，积极培养各个领域的技能人才，打造出了一支"懂技术、善创新、敢担当、讲奉献"的高技能人才队伍，积极解决生产难题，着力于加快公司高度信息化、自动化、智能化建设的速度，从根本上进一步提升企业的核心竞争力和战斗力，为企业、行业的高质量发展作出了自己应有的贡献。

"穷则变，变则通，通则久。"唯有不断地以变化顺应变化，才能跟得上时代的步伐。书中内容是我在日常工作中解决拉丝机故障及进行系统提升的一些实践经验，还有不足之处需要进一步完善。诚恳地希望各位专家能够多提宝贵意见，促进我们进一步提升工作，在此表示感谢。

2023 年 5 月

图书在版编目（CIP）数据

温广勇工作法：玻璃纤维拉丝设备的维修与优化 /温广勇著. 一北京：
中国工人出版社，2023.7
ISBN 978-7-5008-8225-1

Ⅰ.①温… Ⅱ.①温… Ⅲ.①玻璃纤维－拉丝机－维修 Ⅳ.①TQ171.77

中国国家版本馆CIP数据核字（2023）第125234号

温广勇工作法：玻璃纤维拉丝设备的维修与优化

出 版 人	董　宽	
责 任 编 辑	习艳群	
责 任 校 对	张　彦	
责 任 印 制	栾征宇	
出 版 发 行	中国工人出版社	
地　　　址	北京市东城区鼓楼外大街45号　邮编：100120	
网　　　址	http://www.wp-china.com	
电　　　话	（010）62005043（总编室）	
	（010）62005039（印制管理中心）	
	（010）62046408（职工教育分社）	
发 行 热 线	（010）82029051　62383056	
经　　　销	各地书店	
印　　　刷	北京美图印务有限公司	
开　　　本	787毫米×1092毫米　1/32	
印　　　张	3	
字　　　数	40千字	
版　　　次	2023年8月第1版　2023年8月第1次印刷	
定　　　价	28.00元	